山东省著作权合同登记号：图字15-2022-78

图书在版编目（CIP）数据

动物原来这么酷 / （英）马特·罗伯森著、绘 ; 鲍凯丽等译. — 济南 : 山东友谊出版社, 2023.5

ISBN 978-7-5516-2777-1

Ⅰ.①动… Ⅱ.①马…②鲍… Ⅲ.①动物—少儿读物 Ⅳ.①Q95-49

中国国家版本馆CIP数据核字（2023）第087591号

动物原来这么酷

DONGWU YUANLAI ZHEME KU

责任编辑：厉桂敏

选题策划：王仕密

装帧设计：管　裴

美术编辑：雷俊文

主管单位：山东出版传媒股份有限公司

出版发行：山东友谊出版社

地址：济南市英雄山路189号　邮政编码：250002

电话：出版管理部（0531）82098756

发行综合部（0531）82705187

网址：www.sdyouyi.com.cn

印　　刷：深圳市福圣印刷有限公司

开本： 787 mm×1092 mm 1/12

印张： 8　**字数：** 100千字

版次： 2023年5月第1版　**印次：** 2023 年5月第1次印刷

定价： 165.00元（全3册）

策划 / 海豚传媒股份有限公司

网址 / www.dolphinmedia.cn　邮箱 / dolphinmedia@vip.163.com

阅读咨询热线 / 027-87677285　销售热线 / 027-87396603

海豚传媒常年法律顾问 / 上海市锦天城（武汉）律师事务所

张超　林思贵　18607186981

动物原来这么酷

恐龙为什么真的很酷？

[英] 马特·罗伯森 / 著·绘　陈 卓 / 译

山东友谊出版社·济南

你喜欢恐龙吗？

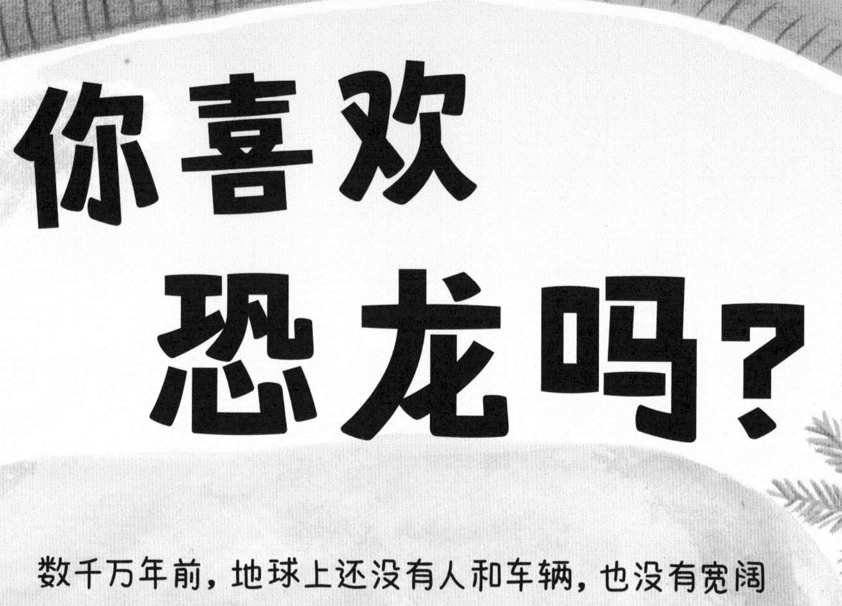

数千万年前，地球上还没有人和车辆，也没有宽阔的马路和高楼大厦，却生活着一大群神奇的生物。

“吼——”它们有的体形庞大，跟树一样高；有的长着巨大的尖牙，比你的脚还长；有的身上满是羽毛，看起来漂亮又蓬松；有的跑起来跟马一样快，你拼命追也追不上。

这些神奇的生物叫什么名字？
它们叫——恐龙！

你好！

先别急着翻页，
看看这里的“恐龙定律”吧！
见到恐龙的时候要记得遵守哟！

- 兽脚类恐龙非常凶猛、残暴。离它们远点儿！
- 别被蜥脚类恐龙巨大的体形吓到了，它们只是个头儿大而已。
- 见到“恐龙之王”——霸王龙，记得鞠躬，以示尊敬！
- 如果你想加入植食性恐龙战队，多吃绿色蔬菜就可以了。
- 千万不要惹怒甲龙，它们能一招制敌！
- 没事儿别招惹驰龙家族的恐龙，它们体形虽小，胃口可大着呢！
- 很久很久以后，这儿的恐龙都会变成化石。
- 即使是最凶猛的霸王龙，也和其他恐龙一样，是从蛋里面孵出来的。
- 别看有的恐龙走路慢悠悠的，它们可厉害着呢！
- 千万不要小瞧恐龙的邻居们哟！

凶猛的兽脚类恐龙

咚！咚！咚！

迎面走来的是两足行走的兽脚类恐龙，它们是肉食性动物，有野兽一样的脚、锋利的牙齿和长长的爪子。它们数量庞大，分布广泛，猎捕其他恐龙当作食物。它们的咆哮声就足以令猎物恐惧不已！听，它们又在咆哮了！“**吼——**”

瞧，我头上的两个骨冠能帮我找到配偶。

双嵴（jí）龙的身高大约是2.4米，但是身长有近6米。

它们非常凶猛、残暴。离它们远点儿！

异特龙是群居动物，它们外出捕猎时，也是成群结队的。

非常强壮

异特龙非常强壮，它们的前肢比霸王龙的更加粗壮有力。看！那大尖爪就是它们捕猎的利器。

个头儿不大，力气不小

有些兽脚类恐龙体形很小，却是出色的捕食者，因为它们速度很快，也很凶猛。

美颌（hé）龙因为下巴长得漂亮得名。它们牙尖爪利，长长的尾巴能帮助身体在奔跑时保持平衡。

伤齿龙只有3岁孩子那么高，它们以尖锐的牙齿得名。

史上最大的肉食性恐龙

棘龙是兽脚类恐龙中长相比较奇特的，同时也是已知体形最大的肉食性恐龙。

背棘有一个成年女人那么高。

尾巴又大又长。

像鳄鱼一样的大嘴。

牙齿又长又尖。

爪子像匕首一样锋利。

水陆两栖恐龙

棘龙是水陆两栖恐龙，也是优秀的捕食者。想象一下，它们在水中捕食巨鱼是多么壮观的景象啊！

兽脚类恐龙真帅！

我们后面还会见到霸王龙，它们也是兽脚类恐龙，更是最恐怖的捕食者！

性情温和的
蜥脚类恐龙

那可不是光秃秃的树干，那是泰坦巨龙的腿！

这些四条腿行走的恐龙是蜥脚类恐龙。它们有粗壮的四肢、长颈鹿般的脖子和敦实的身躯，还有甩起来呼呼作响的长尾巴。它们的脚趾和大象的脚趾非常像，后脚掌上还长着有弹性的肉垫。这种肉垫可以减弱它们走路时的声响，以防被敌人发现。它们是地球上出现过的**最大的陆生动物**。不过，它们是“素食主义者”，性格也非常温和。

蜥脚类恐龙中有一类身躯非常庞大，人们给它们起了个名字，叫泰坦巨龙！

别被蜥脚类恐龙巨大的体形吓到了，它们只是个头儿大而已。

大脚丫

人们曾在澳大利亚发现了蜥脚类恐龙的脚印，长度与一个成年人的身高差不多。

超大食量
为了保持强健的体格，这些体形超大的恐龙一天能吃掉1吨树叶！它们的牙齿像一把把大剪刀，一张嘴就能把树上的叶子全部吞掉。
巴塔哥巨龙是地球上到目前为止发现的最大的恐龙之一。一只巴塔哥巨龙有一架飞机那么重！
头很小
梁龙也是蜥脚类恐龙。它们的长尾巴像鞭子，可以用来保护自己，啪的一下就能把其他小动物抽到树梢上去！
我的头很小。有时候很难分辨哪边是我的头，哪边是我的尾巴。
啊！
啪！
蜥脚类恐龙真是太大了！
完整的化石
施氏无畏龙的化石是到目前为止发现的骨骼非常完整的泰坦巨龙化石。

“恐龙之王”霸王龙

跟楼房一样高，跟公共汽车一样长，
跟装甲坦克一样厉害！

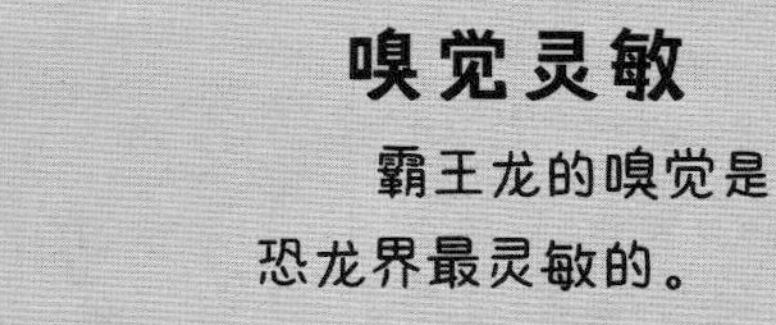

你知道吗，“霸王龙”在希腊语中是“**残暴的蜥蜴王**”的意思！霸王龙强大威猛，名副其实。它们有庞大的身躯、巨大的头部和强劲的下颌，不愧是有史以来**最强壮、最致命的动物**之一。

好好瞧瞧这无人不知、无人不晓的
“恐龙之王”——霸王龙吧！

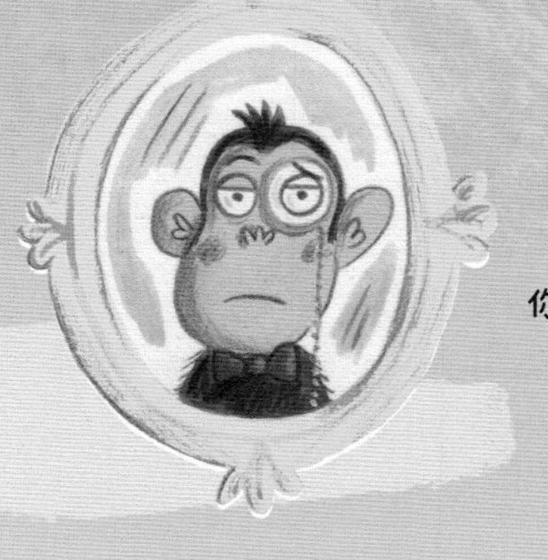

头脑聪明

即使你不相信霸王龙是有史以来最强大的恐龙，你也不能否认，它们是最聪明的恐龙之一。

嗅觉灵敏

霸王龙的嗅觉是恐龙界最灵敏的。

视力超群

霸王龙的视力比鹰的还要好，能发现千米开外的三角龙——那是它们最喜欢的食物。

霸王龙有60颗形状像香蕉一样的牙齿，嚼起骨头来“咔嚓咔嚓”，毫不费劲儿。

咬合力惊人

霸王龙的咬合力非常惊人，它们一口就能吞下230千克的食物。要知道，这个重量相当于1000多个10寸比萨的重量！

爱吃树叶的“素食主义者”

咔嚓咔嚓，是谁在嚼叶子？

植食性恐龙身形各不相同，但都有一个特点——喜欢吃植物。

如果你想加入植食性恐龙战队，多吃绿色蔬菜就可以了。

鹰鼻龙

有一种恐龙长着鹰钩鼻和铲子一样的下巴，恐龙学家给它们起名叫鹰鼻龙。奇特的下巴可以帮助它们把生长在浅水里的植物铲到嘴里。

好吃，多吃点儿叶子吧！

副栉（zhì）龙

副栉龙是鸭嘴龙的一种，有鸭子一样的大嘴。它们的每个齿槽里同时排列有六七颗牙齿，只有一颗露出使用。这颗牙齿脱落后，第二颗再顶替上来。

埃德蒙顿龙的嘴又窄又平。它们的牙齿排列成数十列齿系，每列齿系至少有6颗牙齿。新的牙齿会不断生长来取代脱落的牙齿，一颗牙齿生长需要约1年的时间。

杂食动物

不挑食的恐龙

有很多恐龙是杂食性动物，它们什么都吃，像鱼、叶子、蛋、昆虫之类的，只要是能吃的东西，它们来者不拒。

菜单上有的，每样都给我来一份儿！

似鸟龙

这种没有牙齿的恐龙长得跟鸟一样，它们的喙看起来像剪刀。

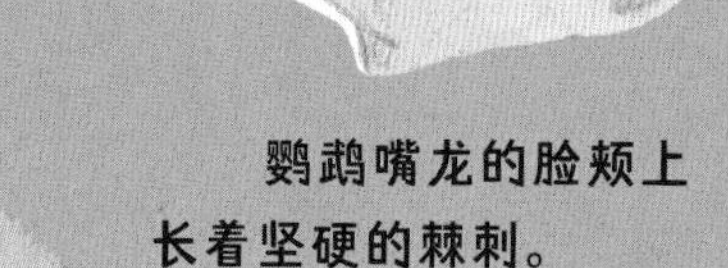

鹦鹉嘴龙的脸颊上长着坚硬的棘刺。

我最爱吃蕨类植物啦！

长长的脖子

尼日尔龙有像吸尘器一样的嘴巴和很长很长的脖子，这让它们能够大口大口地吃到树上美味的植物。

有力的牙齿

松果很好吃，却很难剥开。不过，鸭嘴龙强有力的牙齿可以咬碎它。

植食性恐龙太棒了！

身披“铠甲”的恐龙

恐龙也有自己的“武器”！

这些庞大的恐龙有的长出了角，有的进化出了带着尖刺的“铠甲”。它们的身体就是“武器”，谁想打它们的主意，得先在心里好好掂量掂量！

千万不要惹怒甲龙，它们能一招制敌！

角

三角龙头上的角很厉害，可以用来抵抗霸王龙的攻击。

第二大脑

剑龙的智商不高，它们的大脑是所有恐龙中最小的！科学家们认为，恐龙不可能只有这么小的大脑，他们推测，在剑龙的身体里可能还藏着第二个大脑！

甲 龙
这种庞大的植食性动物就像“行走的铠甲”，它们甚至能够用尾锤抵御霸王龙的凶猛攻击。
甲龙跟小型公共汽车差不多长，有大约六头公牛加起来那么重。
身上的尖刺不容小觑。
尾锤能使劲儿击打敌人。
啊！
头上的利角可以撞击敌人。
甲龙的嘴很大，里面长着树叶状的牙齿。
硬邦邦的骨板，谁都咬不动！
结节龙
结节龙也是甲龙的一种。迄今为止发现的最完整的恐龙化石就是结节龙化石。
一身“铠甲”，帅呆了！

跑得飞快的驰龙

身材矮小却不失凶猛，这就是驰龙！

驰龙家族的恐龙长得像鸟，体形不大却很机灵。它们无所畏惧，是凶猛、敏捷的掠食者。它们眼神犀利，爪子尖锐，跑得飞快，牙齿也很锋利。所以，千万别被它们那一身羽毛和小小的个头儿骗了！

有些驰龙长了翅膀，可以滑翔，但飞不起来。

驰龙家族的恐龙很少攻击体形比它们大的恐龙。不过要是团体作战的话，体形巨大的恐龙也会成为它们的猎物。

千万别小瞧驰龙，它们个头儿很小，但是胃口可大着呢！

冲啊，伶盗龙！冲！

伶盗龙虽然是恐龙中的小个子，但也是了不起的“猎人”。它们的体形比火鸡大一点儿，尾巴非常长。它们跑起来跟惠比特犬一样快。

危险的恐爪龙

这位长着羽毛的朋友看起来很像一只大鸟，不是吗？不过，它可飞不起来！它狩猎的时候动作迅猛，移动速度飞快。

它们的嘴巴像鳄鱼的一样强劲有力，里面有约60颗弯曲的刀刃形牙齿。如果被它们咬到，嘶——想想都疼！

恐爪龙后脚上长着可怕的钩爪。

相比其他恐龙，恐爪龙体形较小。但实际上，与现代哺乳动物相比，它们并不小。它们和成年的老虎差不多大！

驰龙家族的成员都是顶尖的“高手”，其中最厉害的还是达科塔盗龙！

达科塔盗龙非常凶猛，有弯钩状的爪子，不仅跑得快，体形也是驰龙家族中最大的。

小盗龙

小盗龙跟乌鸦差不多大，是体形最小的兽脚类恐龙之一。它们的黑色羽毛闪着金属光泽，非常漂亮！小盗龙有4只翅膀，每只翅膀上都有长长的羽毛。它们看起来善于滑翔，说不定还会飞呢！

奇特的恐龙化石

听说过大名鼎鼎的霸王龙吧？第一具有记录的霸王龙骨架化石就是我发现的，我叫巴纳姆·布朗。

这可不是普通的石头，这是化石！

恐龙化石看起来很像岩石，但实际上是由恐龙的骨头、牙齿、蛋或者粪便形成的。从沙漠到洞穴，甚至到城市，古生物学家们辗转世界各地去寻找化石。通过研究化石，我们了解了恐龙是如何行走的，它们长什么样，甚至活了多久。这真是太棒了！

没事儿就在地上挖洞，当你挖得足够深时，没准儿就能发现恐龙化石！

琥珀

琥珀是由地质时期的植物树脂经石化而形成的有机宝石。树脂是一种黏液，随着时间的推移而凝固，任何被它粘住的东西都会被永远包裹在里面。所以，我们能在琥珀中发现很多跟恐龙相关的东西，包括恐龙尾巴上的羽毛！

恐龙粪便化石

多年来，化石猎人们发现了大量恐龙粪便化石。最长的恐龙粪便化石比你的手臂还长很多！

汪汪！

化石是怎么形成的?

恐龙死亡。

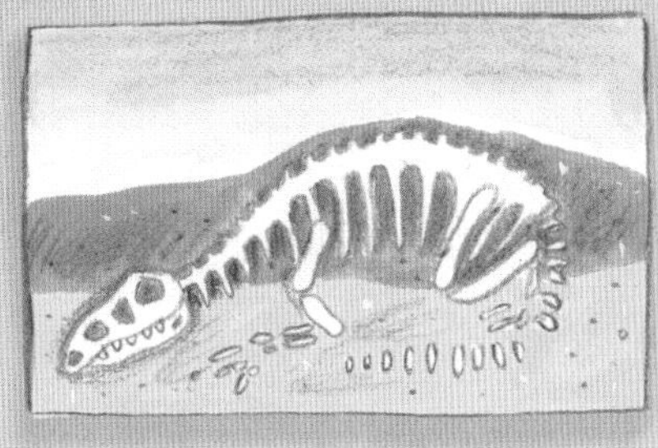

恐龙死后，遗骸逐渐被厚厚的泥沙覆盖。

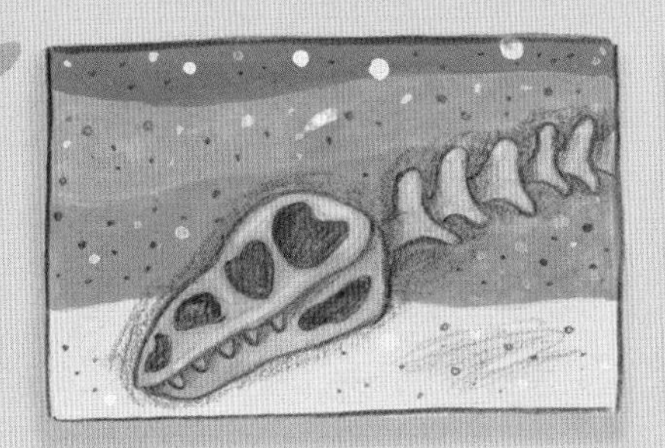

时间一天天过去，矿物质逐渐取代了恐龙骨骼中原有的物质，这个过程叫作石化。化石就这样逐渐形成了。

经过数千万年的自然环境变化，化石又重新回到了地面上。

大脚印

恐龙的脚印跟骨头一样，也会变成化石。这种化石叫痕迹化石，它能告诉我们恐龙是怎么走路的。

化石真神奇呀!

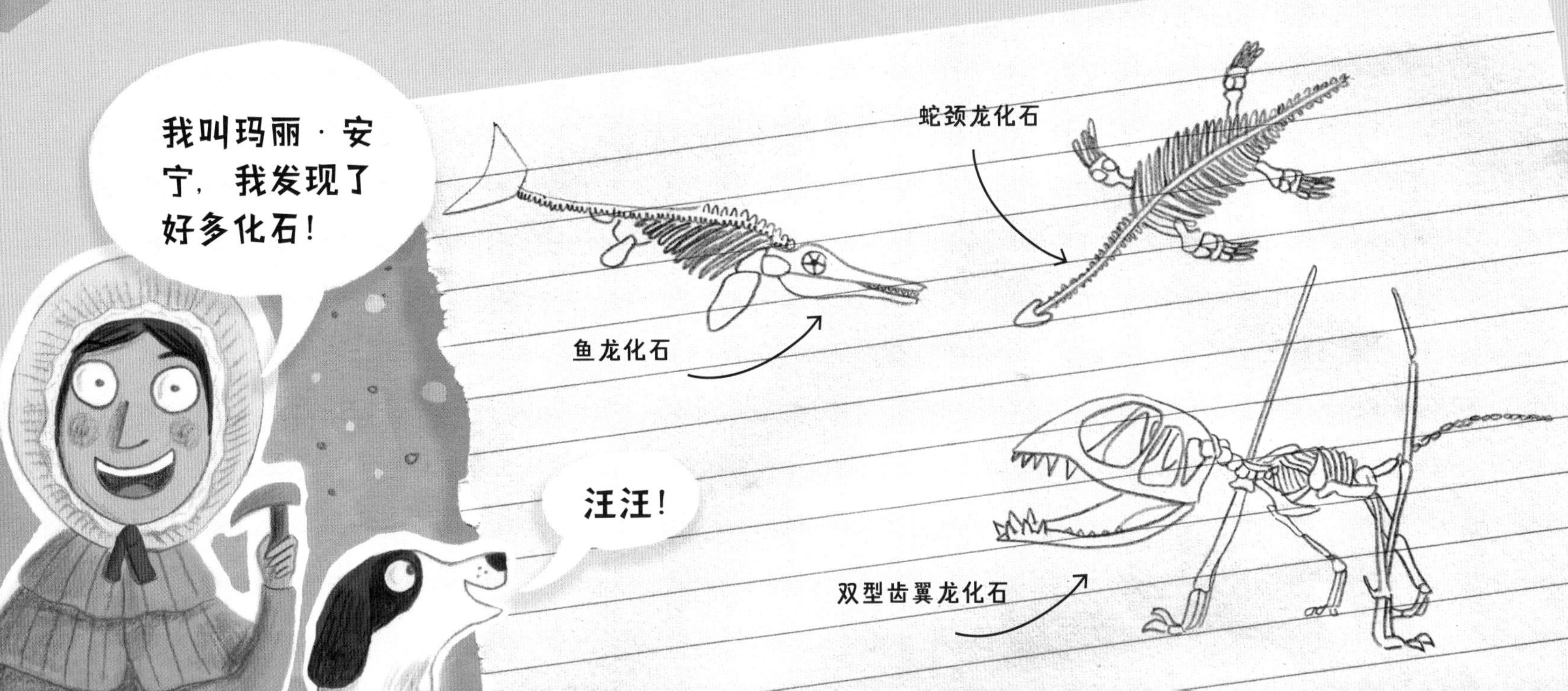
我叫玛丽·安宁，我发现了好多化石!
汪汪!
鱼龙化石
蛇颈龙化石
双型齿翼龙化石

可爱的恐龙宝宝

恐龙蛋有白色的、红色的和蓝色的！

恐龙和鸟一样，都是从蛋里孵化出来的。恐龙蛋和普通的鸡蛋可不一样，它们有大有小，有的色彩鲜艳，有的带花纹。恐龙蛋对捕食者来说可是美味佳肴！不过，恐龙妈妈肯定就在蛋的附近。恐龙宝宝一旦破壳而出就能迅速长大，变得强壮起来。

有些恐龙妈妈一窝能产下30多个蛋呢！

霸王龙再大、再凶猛，也是从蛋里面孵化出来的！

有些研究者认为，异特龙会照顾自己的宝宝，但另一些研究者认为，这是不可能的。

有些恐龙宝宝的腿非常强壮，刚从蛋里孵化出来就能跑。

咱们一起跑步吧！

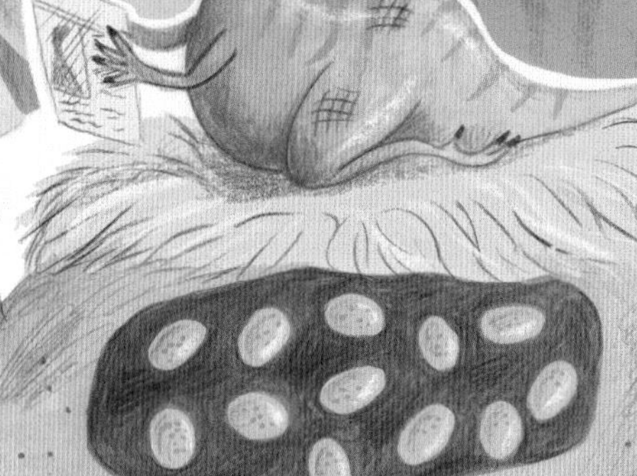

照看宝宝的恐龙妈妈

有些蜥脚类恐龙太重了，坐在恐龙蛋上会把蛋压碎。所以，它们会把蛋埋在地下，这样就安全多了。

哇，恐龙宝宝好可爱呀!

慈母龙又叫好妈妈蜥蜴，它们是群居动物，通常成群结队地住在一个大巢穴中照看恐龙宝宝。

霸王龙宝宝

谁会相信这个长着大眼睛的可爱家伙是一只会狼吞虎咽的小霸王龙呢?

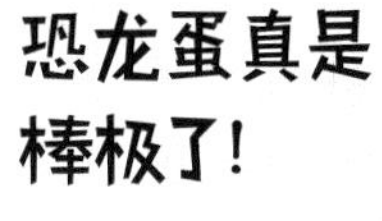

各种各样的恐龙蛋

恐龙蛋大小不一，形态各异。

小盗龙的蛋比较小。

原角龙的蛋是椭圆形的。

雷龙的蛋像个西瓜。

形状像鹅蛋一样!

哇，可真大呀!

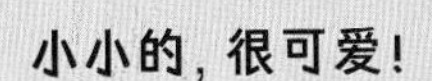

小小的，很可爱!

恐龙蛋真是棒极了!

恐龙运动会

三角龙跑起来比家猪快一点儿。
约30千米/时
霸王龙的奔跑速度至今是个谜。有些科学家认为它们可以以40千米/时的速度奔跑，有些科学家则认为这根本不可能。
冲啊！
18

各就各位，预备，跑！

想象一下，如果恐龙参加奥运会的田径项目比赛，那该是怎样的画面哪。跑道上挤满了跃跃欲试的参赛者，它们跺着脚，咆哮着。庞然大物雷龙和慢吞吞的剑龙都在。嗖——伶盗龙跑得可真快呀！你认为谁会第一个到达终点呢？

恐龙们有的跑得快，有的跑得慢，它们都在按照自己的节奏比赛！

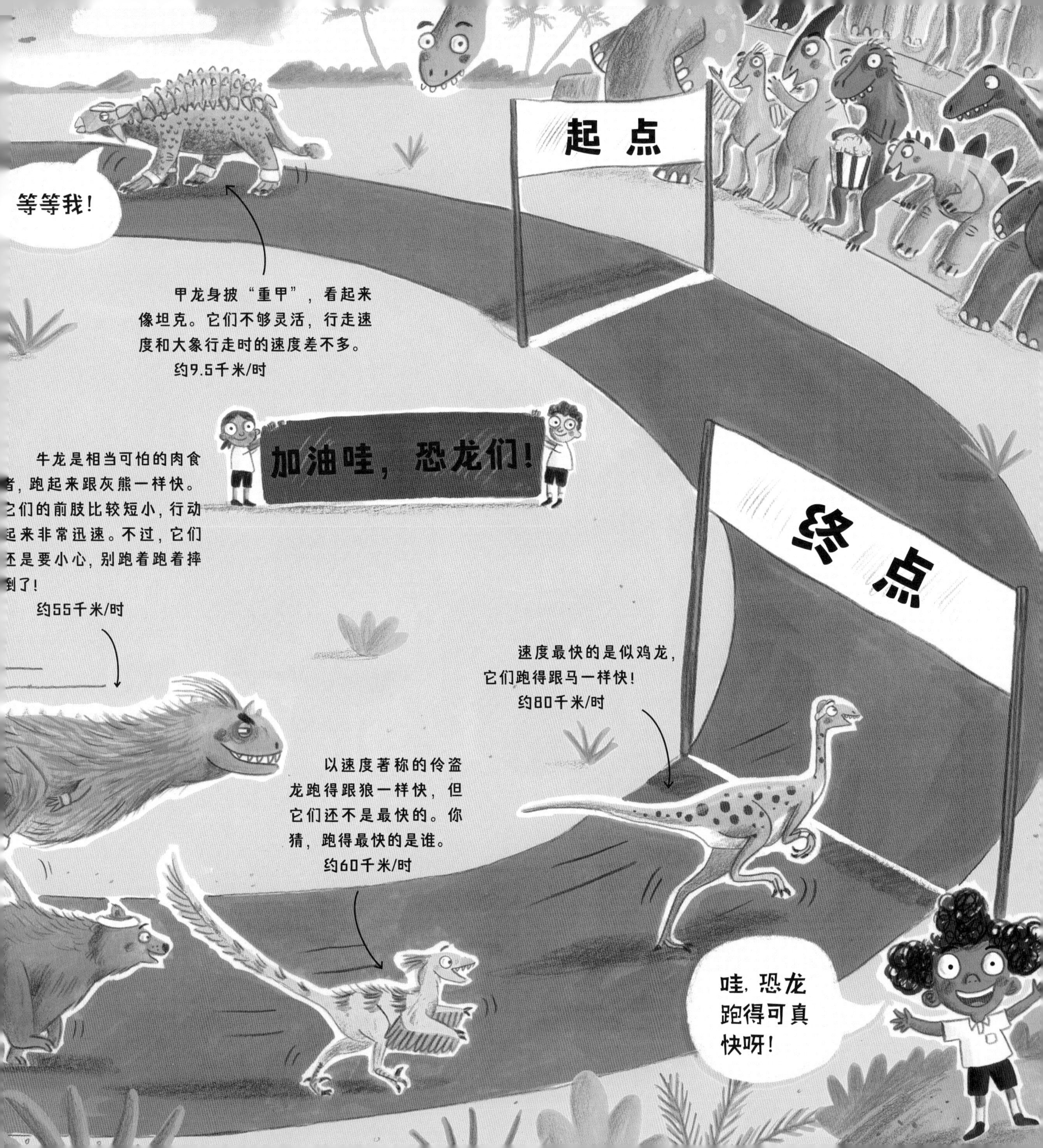
起点
等等我！
甲龙身披“重甲”，看起来像坦克。它们不够灵活，行走速度和大象行走时的速度差不多。
约9.5千米/时
加油哇，恐龙们！
终点
牛龙是相当可怕的肉食者，跑起来跟灰熊一样快。它们的前肢比较短小，行动起来非常迅速。不过，它们还是要小心，别跑着跑着摔倒了！
约55千米/时
速度最快的是似鸡龙，它们跑得跟马一样快！
约80千米/时
以速度著称的伶盗龙跑得跟狼一样快，但它们还不是最快的。你猜，跑得最快的是谁。
约60千米/时
哇，恐龙跑得可真快呀！

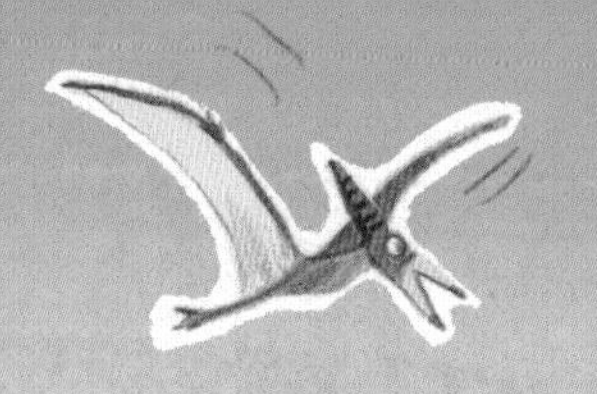

恐龙的邻居们

让我们一起来了解一下恐龙的邻居们吧！

在数千万年前，恐龙并不是地球上唯一的动物。海里的鲨鱼和水母都是恐龙的邻居，我们今天依然可以看到它们呢。那时候，如果你抬头看看天上，就会发现一些翼龙，它们的个头儿跟小型飞机差不多大！

千万不要小瞧恐龙的邻居们哟！

看哪，我把翅膀收起来，就可以用前爪抓猎物了。

超长“手指

翼龙家族的恐
一类叫翼手龙。它们
根“手指”特别长，
支撑整个翼膜。

令人讨厌的蟑螂

蟑螂在地球上已经生活了超过2.35亿年，难怪我们摆脱不了它们！

我是史前巨鳄，曾有幸跟很多恐龙做过邻居。

在水中摇曳的水母没有“大脑”和“心脏”。

看哪，那就是翼龙，
跟它们问声好吧！记住：
翼龙既不是鸟，也不是蝙
蝠，更不是恐龙！
我们翼龙的头冠
形状和大小各不
相同。
它就是大名鼎
鼎的风神翼龙。在
翼龙家族中，风神
翼龙的体形最大。
我，风神翼龙，
身高跟长颈鹿一
样，翼展跟飞机
一样！
奇特的长相
因为脸平嘴又宽，
它被称为蛙嘴龙！
有些翼龙长着喉囊，
喉囊可以用来抓鱼。
恐龙的邻居们
真是太厉害了！
你知道吗，格陵兰
睡鲨能活400年！

名龙堂

这些恐龙全都棒极了！

这些都是已经发现的最棒的恐龙。它们有的身形高大，有的嘴巴很有劲儿，有的跑得很快。从温和的植食性恐龙到凶猛的肉食性恐龙，每一种恐龙都是独特的。我们一起来看看吧！

好多好多恐龙啊！

棘龙

水陆两栖恐龙

长度：约18米，跟保龄球道差不多。

特点：用鳄鱼般的长嘴巴抓鱼。

小盗龙

体形最小的恐龙

长度：约0.55米，跟滑板差不多。

特点：能滑翔，偶尔还能飞一小段距离。

梁龙

最长的恐龙

长度：约30米，跟蓝鲸差不多。

特点：尾巴能当鞭子，会“神龙摆尾”。

阿根廷龙

体形最大的恐龙

高度：跟5层楼差不多。

特点：蛋跟西瓜一样大。

似鸡龙

跑步速度最快的恐龙

长度：4~6米，跟野营车差不多。

特点：跑步速度能和马一决高下。

霸王龙

最强大的恐龙

长度：约12米，跟公共汽车差不多。

特点：在陆生动物中咬合力最强。

伤齿龙

大脑最大的恐龙

长度：约2米，跟双人自行车差不多。

特点：能在黑暗环境里看清猎物。

剑 龙

头部最小的恐龙

长度：可达6米，跟小型货车差不多。

特点：背上的骨板有点儿像太阳能电池板，能调节体温。

甲 龙

身披“重甲”的恐龙

重量：约4吨，跟两头河马差不多。

特点：能用锤子一样的尾巴抽打猎物。